BEI GRIN MACHT SICH IHR WISSEN BEZAHLT

- Wir veröffentlichen Ihre Hausarbeit,
  Bachelor- und Masterarbeit

- Ihr eigenes eBook und Buch -
  weltweit in allen wichtigen Shops

- Verdienen Sie an jedem Verkauf

Jetzt bei www.GRIN.com hochladen
und kostenlos publizieren

Bibliografische Information der Deutschen Nationalbibliothek:

Die Deutsche Bibliothek verzeichnet diese Publikation in der Deutschen National-
bibliografie; detaillierte bibliografische Daten sind im Internet über http://dnb.d-
nb.de/ abrufbar.

Impressum:

Copyright © 2009 GRIN Verlag, Open Publishing GmbH
Druck und Bindung: Books on Demand GmbH, Norderstedt Germany
ISBN: 9783640650521

Dieses Buch bei GRIN:

http://www.grin.com/de/e-book/152525/ursachen-und-folgen-der-verstaedterung-
in-mexiko-stadt

Ron Klug

Ursachen und Folgen der Verstädterung in Mexiko-Stadt

Ausführlicher Unterrichtsentwurf für den besonderen Unterrichtsbesuch im Fach Geographie

GRIN Verlag

Staatliches Seminar für Lehrämter Halle
Ausbildungsjahr 2008/2009

Hauptseminarleiterin:

Fachseminarleiterin:

Schulleiterin:

Mentorin:

Studienreferendar: Ron Klug

Ausführlicher Unterrichtsentwurf für den 1. besonderen Unterrichtsbesuch im Fach Geographie

Stundenthema: Ursachen und Folgen der Verstädterung in Mexiko-Stadt

Schule:

Klasse: 8_1

Fach: Geographie

Raum:

Datum: 06.05.2009

Zeit: 07:30-08:15 Uhr

Inhaltsverzeichnis

1 Bedingungsanalyse

<u>Lerngruppe</u>

Die Klasse 8_1 besteht aus 25 Schülern im Alter von 13 bis 14 Jahren. Der Anteil der Jungen (17) überwiegt den der Mädchen (8) deutlich, so dass die Klasse stark durch die Jungen geprägt ist. Das Klassenklima ist jedoch überwiegend positiv, denn zahlreiche Schüler fühlen sich durch den schulischen und außerschulischen Sport verbunden, der einen hohen Stellenwert in der Klasse genießt.

Einen Migrationshintergrund haben insgesamt 8 Schüler. Probleme oder wesentliche Einschränkungen bei der Teilnahme am Unterricht haben sich daraus bisher nicht ergeben.

Der Leistungsstand der Klasse kann als durchschnittlich gelten, jedoch gibt es bei einigen Schülern klare Unterschiede zwischen der erzielten Fachnote und den im Unterricht gezeigten Leistungen. Hervorragende mündliche Leistungen werden von   und   erbracht, beide zeigen bei schriftlichen Aufgaben jedoch nur befriedigende bis ausreichende Leistungen. Die Mädchen   und   und die Jungen   und   schneiden bei schriftlichen Leistungserhebungen in der Regel gut bis sehr gut ab. Die Beteiligung am Unterricht ist allerdings stark von der Interessenlage abhängig und erfolgt nur unregelmäßig. Das weitaus größere Leistungsfeld besteht aus Schülern, die in allen Bereichen eher befriedigende Leistungen zeigen.

Wie sich in Unterrichtsgesprächen und Diskussionsphasen gezeigt hat, liegen die Stärken der Klasse eindeutig im mündlichen Bereich und die Motivation ist erkennbar höher als bei schriftlich zu erbringenden Leistungen. Diesem Umstand wird durch eine regelmäßige Berücksichtigung verschiedener Gesprächsformen im Unterricht, aber auch durch die kontinuierliche Förderung schriftlicher Arbeitsphasen Rechnung getragen. So auch in dieser Unterrichtskonzeption.

Unterrichtsstörungen kommen selten vor und das Lehrer-Schüler-Verhältnis ist durchweg positiv.

<u>Äußere Bedingungen</u>

Der Unterricht findet in der ersten Stunde an einem Mittwoch statt. Es kann davon ausgegangen werden, dass die Schüler geistig nicht erschöpft sind und das Unterrichtsgeschehen aufmerksam verfolgen. Der Unterrichtsraum ist in seiner Größe für die Lerngruppe angemessen und die benötigten technischen Geräte sind vorhanden.

2 Sachanalyse

Lateinamerika ist ein stark verstädterter Kontinent. Mehr als drei Viertel der Bevölkerung leben in Städten. Der Prozess der *Verstädterung* bezeichnet die „Ausdehnung, Vermehrung und/oder Vergrößerung der Städte eines Raumes nach Zahl, Fläche und Einwohnern, sowohl absolut als auch im Verhältnis zu den nichtstädtischen Siedlungen und zur ländlichen Bevölkerung" (Leser 2001, S. 956). Als Maß dient der Verstädterungsgrad, darunter wird der Anteil der städtischen Bevölkerung an der Gesamtbevölkerung eines Landes verstanden.

Mexiko-Stadt ist mit ca. 18 Millionen Einwohnern eine der größten Städte Lateinamerikas und stark vom Prozess der Verstädterung betroffen. Bis heute treffen täglich tausende Mexikaner aus allen Landesteilen in der Stadt ein. Sie kommen aus den perspektivlosen ländlichen Regionen. Armut, Hunger, hohe Geburtenzahlen, Arbeitslosigkeit und geringe Bildungschancen sind wesentliche Gründe für die *Landflucht*, sie werden auch als „*Push-Faktoren*" bezeichnet (abstoßende Faktoren), (vgl. Meinert 2007, S. 218).

In der Stadt erhoffen die Zuwanderer bessere Arbeits-, Bildungs- und Verdienstmöglichkeiten. Viele hoffen auf eine umfassendere medizinische Versorgung. Auch der Wunsch nach Teilnahme am Konsum, höheren Wohnkomfort und die kulturellen Angebote der Großstadt gehören zu den Gründen, die Mexiko-Stadt so anziehend für die Landarbeiter machen. Diese Motive führen zu einer verstärkten *Zuwanderung* in die Stadt und werden als „*Pull-Faktoren*" bezeichnet (anziehende Faktoren), (vgl. ebd., S. 218).

Die Folgen der Verstädterung veränderten das Erscheinungsbild der Stadt nachhaltig. Für viele Zuwanderer haben sich die Hoffnungen nicht erfüllt. Die Arbeitslosigkeit ist hoch und die Verdienstmöglichkeiten oft nur geringfügig. Aufgrund der hohen Zuwanderung entstanden große Elendsviertel und Marginalsiedlungen am Stadtrand. Die Verkehrsinfrastruktur ist überlastet, Staus prägen das Stadtbild. Die Umweltbelastungen und die Luftverschmutzung haben gesundheitsschädigende Ausmaße angenommen. Giftstoffe haben durch regionale Agrarprodukte Eingang in die Nahrungskette des Menschen gefunden. Die umgebenden Bergketten schränken das Wachstum der Stadt ein und begünstigen die Auftretenswahrscheinlichkeit von Smog durch eine verminderte Luftzirkulation (vgl. Wichmann 1995).

Die Regierung versuchte bisher durch eine Reihe von Maßnahmen die Lebensbedingungen in der Stadt zu verbessern, jedoch nur mit mäßigem Erfolg.

3   Bezug zu den RRL und Einordnung der Stunde in die Sequenz

Die Unterrichtsstunde ist dem Thema 7.3, „Menschen prägen ihren Lebensraum unterschiedlich – In Lateinamerika", zuzuordnen. Zuvor sind bereits die Grundlagen zur räumlichen Orientierung in Lateinamerika und naturgeographische sowie kulturelle und historische Aspekte erarbeitet worden. Der geplanten Unterrichtsstunde ging unmittelbar eine Erarbeitung der kolonialen Stadt von Tenochtitlán bis Mexiko-Stadt voran und die heutige Bedeutung der Stadt als Metropole.

Das Thema Verstädterung ist bereits in Klassenstufe 7 (Thema 6.2 „In Südasien") eingeführt worden, wo es als Merkmal von Entwicklungsländern am Beispiel Indiens behandelt wurde. Dieses Vorwissen könnte dazu beitragen, den Einstieg in die Thematik zu erleichtern. Auch in Klassenstufe 8 (Thema 7.1 „Im Orient") haben die Schüler die Verstädterung bereits am Fallbeispiel Kairo kennen gelernt (KMLSA 2003, S. 62 u. 64).

Das Wissen, das die Schüler in den bisher genannten Themen zur Verstädterung erworben haben, stellt eine wichtige weiterführende Grundlage für das Kursthema 3 („Siedlungsentwicklung und Raumordnung") in der Sekundarstufe II dar. Dort erfolgt dann eine Systematisierung der bevölkerungs- und siedlungsgeographischen Begriffe und deren Anwendung (vgl. KMLSA 2003, S. 104).

Stellung der Stunde im Thema 7.3 -
Menschen prägen ihren Lebensraum unterschiedlich – „In Lateinamerika"

1. u. 2. Stunde	**Räumliche Orientierung** (Topographie, Abgrenzung Kontinent / Kulturerdteil)
3. Stunde	**Kulturelle Merkmale** – (Kennzeichen des Kulturerdteils)
4. Stunde	**Großlandschaften** – Hochgebirge, Bergländer, Tiefländer (Entstehung der Anden)
5. Stunde	**Klima und Vegetation** (Höhenstufen der Anden)
6. Stunde	**Koloniales Erbe** - (von Tenochtitlán bis Mexiko-Stadt, Stadtmodell)
7. Stunde	**Verstädterung** – Ursachen und Auswirkungen der Verstädterung in Mexiko-Stadt
8. – 11. Stunde	**Brasilien** (Schwellenland, Disparitäten, Amazonien…)
12. u. 13. Stunde	**Raumanalyse Peru** (Monowirtschaft…)
14. Stunde	**Koka-Anbau in Bolivien** – (wirtschaftliche Abhängigkeit…)

4 Lernziele

kognitive Lernziele: Die Schülerinnen und Schüler

1. kennen den Prozess der Verstädterung und   wesentliche Begriffe.

2. kennen die Folgen des Verstädterungsprozesses.

3. können die Auswirkungen menschlichen Handelns auf den Raum am Beispiel Mexiko-Stadt nachweisen.

instrumentelle Feinziele: Die Schülerinnen und Schüler

1. festigen ihre textanalytischen Fähigkeiten, indem sie einem Sachtext zielgerichtet Informationen entnehmen.

2. erweitern ihre Methodenkompetenz, indem sie eine thematische Karte und ein Diagramm auswerten.

3. festigen ihre Kompetenz des sprachlichen Ausdrucks, indem sie ihre Ergebnisse der Klasse in mündlicher Form vorstellen.

4. entwickeln ihre Fähigkeit zum problemorientierten Erschließen von Ursache-Wirkungszusammenhängen, indem sie Hypothesen über die Ursachen der Verstädterung aufstellen.

sozial / affektive Feinziele: Die Schülerinnen und Schüler

1. sind durch die Darbietung audiovisuell vermittelter Auswirkungen von Mensch-Raum-Interaktionen motiviert.

2. festigen und erweitern ihre Sozialkompetenz, indem sie mit einem Partner zusammenarbeiten.

3. entwickeln ein Problembewusstsein für die Grenzen der Tragfähigkeit einer zunehmenden Verstädterung am Beispiel von Mexiko-Stadt

5 Begründung der didaktisch-methodischen Entscheidungen

Durch die zunehmende Verstädterung kommen urbane Räume an die Grenzen ihrer Tragfähigkeit. Die Verstädterung ist ein Prozess mit schwerwiegenden Konsequenzen für den Raum, gerade in gering entwickelten Ländern. Das Verständnis des prozessualen Charakters der Verstädterung mit all seinen Ursachen und Folgen, dient dem originären Ziel des Geographieunterrichts, raumbezogene Handlungskompetenz zu entwickeln.

Mit den Inhalten der geplanten Unterrichtsstunde wird die Einsicht in die Notwendigkeiten einer nachhaltigen Planung und Entwicklung gefördert. Die Schüler erlernen am Beispiel von Mexiko-Stadt die Raumwirksamkeit menschlichen Handelns in einer extremen Ausprägung. Dieses Wissen nutzt den Schülern, bestimmte Siedlungsmuster zu verstehen und die Ursachen und Folgen von Siedlungsprozessen kritisch zu reflektieren. Eine Voraussetzung für erfolgreiches Lernen ist neben der Berücksichtigung kognitiver Inhalte auch die Förderung der sozial-affektiven Dimension, dieser Tatsache wird in der geplanten Stunde in besonderer Weise Rechnung getragen.

Der Einstieg in das Stundenthema erfolgt problemorientiert. Die Schüler sollen ihre Beobachtungen und Fragen zu einer Filmsequenz, die ohne Ton dargeboten wird, auf einem Beobachtungsbogen fixieren. Der problemorientierte Ansatz wird hier durch die von den Schülern zu erbringende Hypothesenbildung gestützt (Was ist dargestellt?; Wie kommt es zu den dargestellten Phänomenen?). Die Hypothesenbildung aktiviert nicht nur kognitive Strukturen, sondern schließt auch affektive Dimensionen wie Neugier und Interesse mit ein (vgl. Rinschede 2005, S. 63).

Bei der Betrachtung der Filmsequenz erbringen die Schüler sensorische Prozesse (Informationsaufnahme, Informationsverarbeitung, Informationssicherung) und werden so sensibilisiert und an den Unterrichtsgegenstand herangeführt.

Da die Filmsequenz ohne Ton dargeboten wird, die Kommentargestaltung also ausgeblendet ist, werden wesentliche Informationen zum Bild nicht geliefert. Dies erhöht die Aufmerksamkeit der Schüler und aktiviert deren Selbsttätigkeit. Die Beobachtungsaufgabe schult die Fähigkeit, selbstständig Hypothesen zu formulieren. Diese Fähigkeit ist zur problemorientierten Erschließung von Inhalten nicht nur im Geographieunterricht, sondern im gesamten Schulcurriculum geeignet. Die gleiche Filmsequenz wird am Ende der Unterrichtsstunde noch einmal, allerdings mit Kom-

mentargestaltung dar geboten, da mit die Sc hüler ihre Hypothesen über prüfen können.

Mit d er Darbietung in Form eines au diovisuellen Mediums wird d as Unterrichts-geschehen der r ein v erbalen E bene enthoben und die räumliche Wirklichkeit selbst wird über das Medium präsentiert, um diese Wirklichkeit sozusagen in das Kla ssen-zimmer zu „transportieren" (Rins chede 200 5, S. 215). Der Film is t in beson derer Weise für d ie Darstellung prozesshafter räumlicher Sachverhalte wie d ie Verstädte-rung geeignet, denn „e r zeigt ge ographische Phänomene mit ihren originalen Bewe-gungen und Geräuschen und kann dadurch ein weitgehend naturgetreues Abbild der Wirklichkeit geben." (ebd., S. 343). Das Me dium Film erf üllt weiterhin die Fo rderun-gen nach Zielorientierung (Gewähr leistung d es Lehr planbezugs und Erreichung der Lernziele der Stunde), Inhaltsorientierung (es geht um den Sachgegenstand Verstäd-terung, der das Stundenthema darstellt) und Adressatengemäßheit (die In halte sind dem Lernstand der Schüler an gemessen), (vgl. ebd., S. 294ff.). Die Forderung nach der zwingenden Aktualität der ausgewählten Unterrichtsmedien wird durch den Film (Erscheinungsjahr 199 5) hinreichend erfü llt, den n die Prozesse de r Verstädterung treten langfristig und stabil auf.

An die Da rbietung der Films equenz u nd d ie Phas e d er Hy pothesenbildung schließt s ich eine Ph ase d er P artnerarbeit an. Diese ist arb eitsteilig an gelegt, d.h. jeder Partner arbeit zunächst selbstständig an der Aufg abe, ehe e r dann mit se inem Partner in Interaktion tritt. Auf einem Arbe itsblatt erfahren die Schüler mehr über die Ursachen d er im F ilm gezeigten Phänomene un d kön nen diese unterstützt durch eine the matische Kar te zur rä umlichen Ausdehnung v on Mexiko-Stadt und e in Dia-gramm zu r Bev ölkerungsentwicklung in einem Zusa mmenhang da rstellen. Die Fä-higkeiten z ur Inter pretation einer themat ischen K arte und A uswertung eines Dia -gramms stellen grundlegende Kompetenzen im Geographieunterricht dar und sind in den Rahmenrichtlinien im M ethodentraining verankert (vgl. KMLS A 200 3, S. 23f.). Ein Unterrichtsgespräch d ient der ans chließenden Sicherung u nd Systematisierung der Ergebnisse, die in einem Tafelbild (Overhead-Projektor) festgehalten werden.

Nach der bereits erwähnten Überprüfung der Thesen durch die Präsentation der Filmsequenz mit K ommentargestaltung, so llen d ie Schüler ih r g elerntes Wissen au f ein Zitat zu m Thema V erstädterung anwenden. Dadurch wird eine höhere Abstrakti-onsleistung angesprochen und gleichzeitig erfolgt eine Zusammenfassung der Stun-deninhalte. Die Hausaufgabe die nt der We iterführung u nd Vorbereitung d er folgen-den Unterrichtsstunde, indem d ie Schüle r L ösungsansätze für die Folgen d er Ver-städterung erarbeiten.

6   Verzeichnis der verwendeten Literatur

Appenroth, E. et al. (Hrsg.) (1996): Terra Geographie 7/8, Gymn asium. S achsen-Anhalt. Gotha.

Jahn, G. (Hrsg.) (1998): Seydlitz 3. Neubearbeitung. Gymnasium. Hannover.

KMLSA - Kultusministerium des Landes Sachsen-Anhalt (2003): Rahmenrichtlinien Gymnasium. Geographie, 5-12.

Leser, H. (Hrsg.) (2001): Wörterbuch Allgemeine Geographie. München.

Meinert, Chr. et al. (Hrsg.) (2007): Terra Geographie 7/8, Gymnasium. Sachsen-Anhalt. Stuttgart.

Protze, N. (2005): Regionalgeographisches Arbeiten und Entwicklung von Methodenkompetenz. In: LISA (Hrsg.): Entwicklung von Methodenkompetenz im Geographieunterricht. S. 15-27.

Protze, N. u. M. Colditz (Hrsg.) (2006): Diercke Geographie 7/8. Gymnasium Sachsen-Anhalt. Braunschweig.

Rinschede, G. (2005): Geographiedidaktik. 2. Auflage. Paderborn.

audiovisuelle Medien

Wichmann , J.-H. (1995): Mexico City. Bevölkerungsdruck, Migration und Ökologie. Charmhaven. (VHS-Kassette, Nr. 42 43281, Pädagogische Mediathek, LISA Halle).

7 Anhang

7.1 Verlaufsplan

verwendete Abkürzungen: SuS (Schülerinnen und Schüler); L. (Lehrer); SST (Schülerselbsttätigkeit); PA (Partnerarbeit); UG (Unterrichtsgespräch); AB (Arbeitsblatt); OHP (Overhead-Projektor); TZF/GZF (Teil-/Gesamtzusammenfassung)

Zeit Phase		L-S-Aktivitäten	Sozialform / Methode	Medien
07:30	Problem orientierter Einstieg	SuS sehen Videosequenz (ohne Ton) und bearbeiten Arbeitsauftrag auf AB	SST, aufgebende Methode Darbietung	VHS-Kassette (Sequenz ca. 5 min) AB (1)
	Problemformulierung / Hypothesenbildung 1. Teilziel	SuS äußern sich zu ihren Beobachtungen, formulieren das Problem und bilden Hypothesen, wie es dazu kommen konnte	UG	
	Auswertung / Zielorientierung	L. notiert Schlüsselwörter an der Tafel		Tafel
		Ableitung Stundenthema: Ursachen und Folgen der Verstädterung in Mexiko-Stadt		
07:40	Zielangabe 2. Teilziel	SuS erarbeiten die Ursachen der Verstädterung auf Grundlage eines Sachtextes (Bearbeitungszeit ca. 5 Minuten)	PA, aufgebende Methode Erarbeitung	AB (2), Kurzzeitwecker
	Problemlösung / Hypothesenprüfung	SuS beschreiben den Prozess der Verstädterung, erklären wesentliche Begriffe und nennen Ursachen	UG	OHP und Folie
07:45	Auswertung / Ergebnissicherung TZF	L. systematisiert die Vorschläge, SuS übernehmen Tafelbild in ihr Heft		
08:00	Zielangabe 3. Teilziel	SuS sehen Videosequenz erneut (mit Ton) und beschreiben die Folgen der Verstädterung	SST, Erarbeitung	VHS-Kassette (Sequenz ca. 5 min)
	Auswertung	SuS überprüfen und vervollständigen ihre Aufzeichnungen	UG	AB (1)
08:10 bis 08:15	GZF Anwendung	SuS wenden ihr Wissen zur Verstädterung auf ein Zitat an		OHP und Folie
		Erteilung der Hausaufgabe (Maßnahmen gegen Folgen der Verstädterung)		LB Diercke S. 219

7.2 Arbeitsmaterialien

Verstädterung in Lateinamerika – Das Beispiel Mexiko-Stadt   *Arbeitsblatt, AB (2)*

Lateinamerika ist ein verstädterter Kontinent. Mehr als 75 % der Bevölkerung leben in Städten. Der Prozess der Verstädterung bezeichnet das Wachstum der Städte hinsichtlich ihrer räumlichen Ausdehnung und Bevölkerungszahl. Als Maß dient der Verstädterungsgrad, darunter wird der Anteil der städtischen Bevölkerung an der Gesamtbevölkerung eines Landes verstanden.

Mexiko-Stadt ist die größte Stadt Lateinamerikas und stark vom Prozess der Verstädterung betroffen. Bis heute treffen täglich tausende Mexikaner aus allen Landesteilen in der Stadt ein. Sie kommen aus den perspektivlosen ländlichen Regionen. Armut, Hunger, hohe Geburtenzahlen, Arbeitslosigkeit und geringe Bildungschancen sind wesentliche Gründe für die Landflucht, sie werden auch als „Push-Faktoren" bezeichnet (abstoßende Faktoren).

In der Stadt erhoffen die Zuwanderer bessere Arbeits- Bildungs- und Verdienstmöglichkeiten. Viele hoffen auf eine umfassendere medizinische Versorgung. Auch der Wunsch nach Teilnahme am Konsum, höheren Wohnkomfort und kulturelle Angebote der Großstadt gehören zu den Gründen, die Mexiko-Stadt so anziehend für die Landarbeiter machen. Diese Motive führen zu einer verstärkten Zuwanderung in die Stadt und werden als „Pull-Faktoren" bezeichnet (anziehende Faktoren).

Abbildung wurde aus urheberrechtlichen Gründen entfernt

Abbildung wurde aus urheberrechtlichen Gründen entfernt

Quelle: Seydlitz 3 (1998), S. 232

Quelle: Terra (2007), S. 219

Aufgabe: Lies den Text und unterstreiche wesentliche Begriffe! Erkläre einem Mitschüler den Prozess der Verstädterung, nutze dazu die Abbildungen!

Arbeitsblatt AB (1)

Beobachtungsbogen zur Videosequenz – *Folgen der Verstädterung*

Kurzinhalt in Stichpunkten	Problemformulierung
- Stadt mit großer Flächenausdehnung - hohe Verkehrsbelastung - starke Umweltverschmutzung - Kontrast von Armut und Wohlstand	- Wie kann es zu solchen Erscheinungen kommen? - Woher kommen die vielen Menschen? - Welche Lösungsansätze könnte es für die gezeigten Probleme geben?

Ursachen der Verstädterung (Tafelbild, Folie)

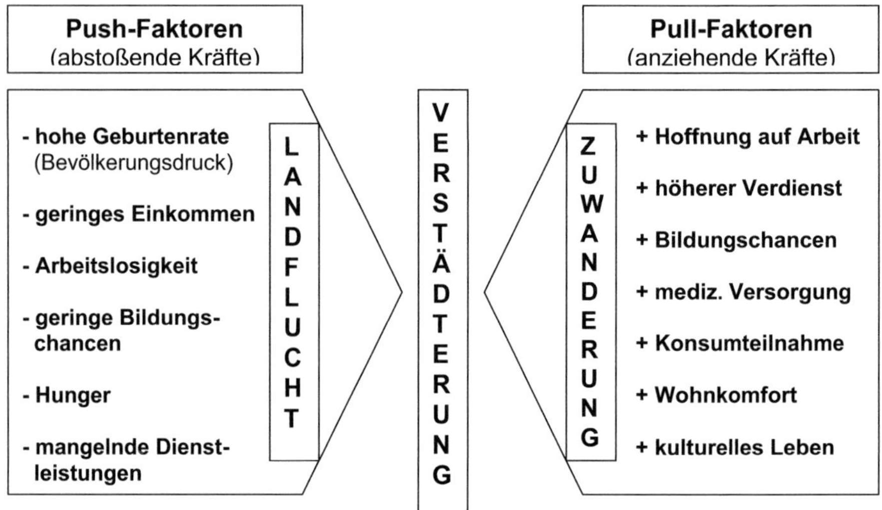

Quelle: Terra Kl. 7/8 (1996), S. 255, veränd.

Folgen der Verstädterung

- geringe Verdienstmöglichkeiten für Zuwanderer
- erhöhte Arbeitslosigkeit
- Bildung von Marginalsiedlungen (Slums)
- starke Bevölkerungszunahme
- starke Umweltverschmutzung (Smog)
- Schadstoffe erhalten Eingang in Nahrungskette
- Überlastung der Verkehrsinfrastruktur (Stau)

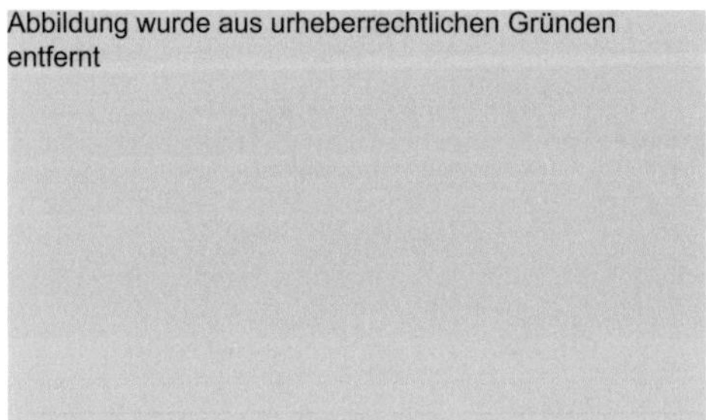

Marginalsiedlung in Mexiko-Stadt
Quelle: Diercke Geographie Klasse 7/8 (2006), S. 218

Zitat: „Mexiko Stadt befindet sich im Dilemma eines sinkenden Schiffs. Wenn man es nicht repariert, ist seine Zukunft sehr unsicher, und wenn man es repariert, steigen noch mehr Leute zu und es sinkt noch schneller…" (Guillermo Tovar, Stadtchroinist), (Quelle: Meinert 2007, S. 218)